# LE
# CHÊNE

LILLE, L. LEFORT

ÉDITEUR.

# LE CHÊNE

# LE
# CHÊNE,

## LES BOIS, LES FORÊTS

TROISIÈME ÉDITION

——◆◆◆◆——

## LILLE

### L. LEFORT, IMPRIMEUR-LIBRAIRE

M DCCC LX

*Reproduction et traduction réservées.*

C.

# LE CHÊNE

## I

Il y a dans les forêts des arbres
de diverses grandeurs, comme
vous le savez, et La Fontaine a
été inspiré par cette différence

lorsqu'il a composé son admirable fable du chêne et du roseau, que tout le monde connaît.

Un arbrisseau louait la beauté d'un superbe chêne à l'ombre duquel il croissait. « Il est vrai, dit celui-ci, que je porte ma tête à une grande hauteur; je domine sur toute la forêt; mais plus je m'élève au-dessus des autres arbres, plus je suis exposé aux outrages des vents, de la neige, de la grêle et de la foudre. »

Que les petits n'envient pas le sort des grands, car les cimes élevées sont plus souvent frappées par la foudre et abandonnées de tous les flatteurs.

Un de ces hôtes des forêts, qui portent leur tête superbe au-dessus des autres arbres, recevait à l'ombre de son feuillage des oiseaux sans nombre : il les garantissait des ardeurs du soleil, les nourrissait même de ses fruits. La foudre tombe, le frappe, dévore et ses fruits et ses feuilles. Aussitôt les oiseaux de s'envoler bien loin de lui : aucun d'eux ne vint revoir ses branches desséchées. Eux aussi abandonnaient celui que la fortune avait délaissé ;

car c'était cette fortune qu'ils aimaient en réalité, et non pas l'arbre qui leur servait d'asile.

Non-seulement le chêne est beau à la vue, mais il est encore de la plus grande importance dans ses usages. Son écorce est extrêmement dure ; ses branches s'étendent au loin de tous côtés et donnent à l'arbre une espèce de forme ronde ; elles sont sujettes aussi à être courbées et noueuses : à ces marques vous pourrez reconnaître un chêne, même en hiver, quand il est dépouillé de sa verdure. Mais ses feuilles donnent une indication bien plus sûre, puisqu'elles diffèrent beaucoup de celles des autres arbres : elles sont profondément découpées, et forment plusieurs divisions arrondies; leur couleur est d'un beau vert foncé.

Le fruit du chêne se nomme gland. C'est une espèce de noix renfermée en partie dans une écorce en forme de coupe. Le principal usage que nous en faisons, est de l'employer à la nourriture des porcs.

Dans les pays où les bois de chênes sont communs, on élève

de grands troupeaux de porcs, qu'on mène dans ces bois en automne lorsque ces glands tombent, et ils s'y nourrissent abondamment pendant deux ou trois mois. Ce n'est pourtant là qu'une petite partie du mérite du chêne.

D'abord il est excellent pour la construction des navires, surtout pour les vaisseaux de guerre. C'est le bois le plus gros et le plus fort que nous ayons; celui qui se conserve le plus longtemps dans l'eau, qui soutient le mieux le choc des vagues et les terribles coups des boulets de canon.

Le chêne a pour ce dernier cas une qualité excellente et particulière ; il n'est pas sujet , comme les autres bois , à éclater et à se briser ; une balle peut le traverser sans faire un large trou.

Le chêne est , en outre , un des principaux bois de charpente, pour tout ce qui demande de la force et de la durée.

On s'en sert pour les fenêtres et les portes ; quelquefois on en fait des escaliers et des planches et même des meubles ; mais l'acajou , plus léger , l'a remplacé dans la fabrication de la plupart de ces derniers ; sa dureté en rendait le travail trop difficile et trop coûteux. Il est cependant encore la principale matière de mille ouvrages divers, tels que ponts, charriots, tonneaux, cuves...

Lorsqu'on a écorché quelque animal, on met tremper sa peau dans de l'eau de chaux pour en ôter les poils et la graisse ; puis on la laisse s'imbiber d'une liqueur faite d'écorce de chêne bouillie dans de l'eau. Cette liqueur raidit la peau et la change en ce que nous appelons cuir.

Pour conserver les filets des pêcheurs et les voiles de navire, on les passe aussi dans cette même liqueur. Cet emploi de l'écorce du chêne est, comme on le voit, fort avantageux ; aussi, quand on a coupé des chênes, on les dépouille soigneusement de leur écorce.

La sciure du chêne est un ingrédient principal pour la teinture des futaines. Par des mélanges variés et des procédés divers, elle leur donne toutes les nuances du brun. L'écorce est aussi employée quelquefois à teindre en noir.

Vous connaissez sans doute

ce que l'on appelle vulgairement une pomme de chêne. Eh bien, ce sont des excroissances formées par un insecte. Il y a une sorte de mouche qui a le pouvoir de percer la peau extérieure des branches de chêne, sur laquelle elle dépose ses œufs. Cette partie se soulève en une sorte de boule, et les jeunes insectes, quand ils sont éclos, rongent pour ainsi dire leur chemin et se forment une issue. Cette boule ou pomme est employée dans la teinture noire.

Le chêne est donc un arbre

dont nous ne saurions faire trop de cas ; ses usages sont si importants que celui qui jette un gland à terre, et en prend soin quand il pousse, peut être regardé comme le bienfaiteur de son pays. Rien de plus majestueux qu'un beau bois de chêne, c'est l'ornement des plus belles terres.

La croissance de cet arbre est très-lente. Un chêne de cinquante ans est loin de son plein accroissement, et au bout d'un siècle, il est à peine arrivé à sa perfection. Cependant il est de notre devoir de penser à ceux qui doivent nous succéder aussi bien qu'à nous-mêmes, et celui qui a reçu des chênes de ses ancêtres, doit constamment en laisser d'autres à ses descendants.

Un paysan qui travaillait aux champs, alla s'asseoir à l'ombre d'un chêne pour manger sa pitance en attendant sa méridienne. Il était un peu raisonneur de son naturel, et s'était accoutumé de bonne heure à trouver à redire à tout. Le seigneur du village n'avait rien fait de longtemps à sa guise; le curé ne prêchait jamais à son goût; et pour le coup enfin, il s'avisa de critiquer le bon Dieu lui-même. En effet, il avait beau sujet; il voyait des glands suspendus sur sa tête, et des citrouilles rampantes à ses pieds. « Eh bien ! se prit-il à dire en croisant ses deux bras, ne voilà-t-il pas qui est bien arrangé ? peut-on voir quelque chose de plus pitoyable ? Voilà sûrement un arbre qui n'est pas trop faible pour porter des glands, il doit avoir les reins assez forts ; tout comme cet autre avec ces cerises, et ce gros tronc-là avec ses noix. Je m'en rap-

2

porte à la conscience de qui l'on voudra : que l'on me dise un peu si la citrouille est à sa place au bout de ce petit filet-là? Ah ! j'aurais arrangé cela autrement, moi ! justement à rebours; c'est là haut, à ces grosses branches, que je vous aurais étalé ces citrouilles et ces potirons, et les glands à leur place. » Tout en disant, il bâille, et bientôt il s'endort. Par malheur, voilà un vent du nord qui vient à souffler ; les branches du chêne sont agitées, il s'en détache quelques glands, et l'un d'eux va donner droit sur le nez du manant. « Ciel! s'écrie-t-il en s'éveillant en sursaut, et portant à son nez la main qu'il rapporte pleine de sang, quelle douleur je sens là! Vraiment, j'étais un grand sot, car enfin, si cela avait été une citrouille, j'étais mort. Dieu me le pardonne, et qu'il soit à jamais loué! je vois qu'il a tout arrangé pour le mieux dans le meilleur des mondes. »

## II

Le chêne est l'emblême de la force. La force du chrétien, mes amis, est dans la grâce de Dieu ; sans elle il ne peut rien dans l'ordre du salut ; avec elle il peut tout. Lorsque le chrétien sent le plus sa faiblesse, c'est alors que Dieu se plaît à montrer en lui sa puissance.

## III

Les bois forment un des plus beaux tableaux que la surface de la terre présente à nos yeux. Il est vrai qu'à la première vue ce sont des beautés sauvages : on n'aperçoit d'abord qu'un amas confus d'arbres, qu'une vaste solitude. Mais l'observateur éclairé qui appelle beau non-seulement ce qui a des caractères de grandeur, d'ordre, de symétrie, mais ce qui est vraiment bon et utile, y trouve mille choses dignes de son attention. Parcourons donc ces belles forêts : elles nous fourniront bien des sujets d'admiration et de reconnaissance. Même après nos promenades dans les champs et les prairies, elles nous intéresseront vivement et nous feront goûter de vrais plaisirs.

• Avec l'agréable fraîcheur qu'on éprouve en entrant dans les bois, on ressent encore je ne sais quelle émotion qui plaît. La lumière du jour, affaiblie par l'épaisseur du feuillage, la beauté et la hauteur des arbres, le silence profond qui règne dans ces sombres retraites : toutes ces choses réunies ont un air de nouveauté et de grandeur qui frappe ; elles nous portent au recueillement et nous invitent à méditer. Délicieuses forêts, fontaines jaillissantes, sauvages rochers que fréquente la seule colombe ; aimable solitude, heureux le cœur qui sait apprécier tous vos charmes !

D'abord, la multitude et la diversité des arbres attirent mes regards. Ce qui les distingue les uns des autres, c'est moins leur hauteur que la différence que l'on observe dans leur manière de croître, dans leur feuillage et dans leur bois. Le pin résineux n'est pas recommandable par la beauté de ses feuilles ; elles sont étroites et pointues : mais elles se conservent longtemps, de même que celles du sapin ; et leur verdure offre encore, durant l'hiver, quelque image de la belle saison. Le feuillage du tilleul, du frêne,

du hêtre, a des attraits bien autrement touchants : le vert en est
admirable ; il récrée la vue, il
la fortifie, et les feuilles larges
et dentelées de quelques-uns de
ces arbres font un aimable con-
traste avec les feuilles plus étroites
et plus fibreuses des autres.

La sagesse divine a distribué
les forêts sur la terre avec plus
ou moins d'économie ou de ma-
gnificence. Dans quelques pays
on n'en voit que de loin en loin ;
dans d'autres, elles s'élèvent ma-
jestueusement dans les airs, en
occupant d'immenses terrains. La

disette du bois dans certaines contrées est composée ailleurs par
son abondance ; et l'usage con-
tinuel qu'en font les hommes
qui le prodiguent si souvent,
les incendies et les hivers rigoureux, n'ont pu encore épuiser ces
riches dons de la nature. Un in-
tervalle de vingt années nous
montre une forêt aux lieux où
notre enfance ne nous avait of-
fert que d'humbles taillis et quelques arbres épars.

Que la sagesse du Père commun des hommes est supérieure
à la nôtre ! Si nous eussions as-

sisté à l'ouvrage de la création, peut-être aurions-nous trouvé à redire à la production des forêts, peut-être leur aurions-nous préféré ou de riants vergers ou des champs fertiles. Mais l'Etre infiniment sage a prévu les divers besoins de ses créatures, selon les temps et les lieux où elles se trouvent. C'est dans les contrées où le froid est le plus rigoureux, et où le bois est le plus nécessaire à l'homme pour la navigation, que se trouvent le plus de forêts. De leur inégale distribution, je comprends qu'il résulte une branche

considérable de commerce , de
nouvelles liaisons entre les peu-
ples. Je participe moi-même aux
nombreux avantages que les bois
procurent aux hommes ; et Dieu ,
en créant les forêts , pensait au
bien qui devait m'en revenir. Ah !
qu'il soit à jamais béni le Père
compatissant qui daignait s'oc-
cuper de nous avant même que
nous pussions sentir nos besoins !

Sa bonté nous a prévenus en
tout : pourrais-je ne pas répondre
à tant de bienfaits, par un juste
tribut de reconnaissance , d'a-
mour et de louanges?

# V

Ce n'est point l'homme qui a été chargé de planter et d'entretenir les forêts. Presque tous les autres biens doivent être acquis par le travail : il faut labourer, ensemencer les terres ; et les moissons coûtent au laboureur beaucoup de sueurs et de peines. Mais Dieu s'est réservé les arbres des forêts. C'est lui qui les plante, qui les conserve : ils croissent et se multiplient indépendamment de nos soins ; ils réparent continuel-

lement leurs pertes par de nouveaux rejetons, et ils suffisent toujours à nos besoins. Il est très-re-
marquable que les plantes épineuses sont les premières qui paraissent dans les terres en friche
ou dans les forêts abattues. Elles
sont très-propres, en effet, à
favoriser des végétations étrangères
à ces plantes ; parce que leurs
feuilles profondément découpées
comme celles des chardons et des
viperines, ou leurs sarments cour-
bés en arc comme ceux de la
ronce, ou leurs branches horizon-
tales et entrelacées comme celles

de l'épine noire, ou leurs rameaux
hérissés d'épines et dégarnis de
feuilles comme ceux du jonc
marin, laissent autour d'elles
beaucoup d'intervalles à travers
lesquels les autres végétaux peuvent s'élever et être protégés contre la dent de la plupart des qua-
drupèdes. Les pépinières des arbres se trouvent au sein de ces
plantes. Rien n'est si commun
dans les taillis, que de voir un
jeune chêne sortir d'une touffe de
ronce qui tapisse la terre, autour
de lui, de ses grappes de fleurs
épineuses; ou un jeune pin s'élever

du milieu d'une autre touffe jaune de joncs marins. Quand ces arbres ont pris une fois de l'accroissement, ils font périr, par leurs ombrages, les plantes épineuses qui ne subsistent plus que sur la lisière des bois , où elles ont un air suffisant pour végéter : mais, dans cette situation, ce sont elles encore qui étendent ces bois d'années en années dans les campagnes. Ainsi les plantes épineuses sont les premiers berceaux des forêts, et les fléaux de l'agriculture de l'homme sont les boucliers de celle de la nature.

Jetez les yeux sur la semence du tilleul, de l'érable et de l'orme. De ces graines si petites sortent ces vastes corps qui portent leurs cimes dans les nues. Dieu seul les affermit et les maintient, dans la durée des siècles, contre l'effort des vents et des tempêtes ; c'est lui qui leur envoie les rosées et les pluies capables de leur rendre chaque année une verdure nouvelle et d'y entretenir une espèce d'immortalité. La terre qui porte les forêts, ne les forme point : ce n'est pas même elle, à proprement parler, qui les nourrit. La verdure, les fleurs et les fruits dont les arbres se couvrent et se dépouillent alternativement, la sève dont il se fait une dissipation continuelle, épuiseraient la terre à la longue, si elle fournissait la matière. D'elle-même c'est une masse lourde, sèche, stérile, qui tire d'ailleurs les sucs et la nourriture qu'elle distribue aux plantes. L'air et l'eau, sans notre secours, procurent en abondance les sels, les huiles et toutes les matières dont ces plantes ont besoin.

Vastes forêts, retraites déli-

cieuses, vous nous offrez des bos-
quets où la nature étale mille
beautés intéressantes et variées !
Là, un air embaumé circule sous
les touffes majestueuses des arbres
élevés : ici, des plantes fleuries
mêlent leurs charmes et confon-
dent presque leurs tiges avec les
branches abaissées des buissons.
Quel doux murmure se fait en-
tendre !..... Comme ce ruisseau
serpente parmi ces fleurs, et répand la fraîcheur et la vie ! Comme
mon œil repose agréablement sur
ces masses de verdure que le
zéphir agite mollement ! comme

il suit cette architecture cham-
pêtre ! comme il s'égare à travers
les sinuosités de ces berceaux !
comme il revient ensuite par-
courir ce parterre émaillé , ce
riche tapis, que l'art tentera toujours vainement d'imiter !

O homme! objet de tant de faveurs , élève tes yeux vers le Créateur qui se plaît à te combler de
biens. Les forêts sont les hérauts
de sa bonté ; et tu te rendrais cou-
pable d'une extrême ingratitude ,
si tu méconnaissais un bienfait
dont presque chaque partie de ta
demeure te rappelle le souvenir.

## V

Je réfléchis sur la diversité des arbres, et j'observe entre eux la même variété qui se voit dans toutes les productions du règne végétal. Les uns, comme le chêne, se distinguent par leur force et leur dureté. D'autres sont hauts, comme l'orme et le sapin. Il en est qui, semblables à l'épine et au buis, ne sauraient parvenir à une hauteur considérable. Quelques-uns sont raboteux, et leur écorce est inégale ; tandis que d'autres sont unis et lisses, tels que l'érable, le platane et le peuplier. Ceux-ci, destinés aux ouvrages précieux, ornent les appartements des riches et des grands; ceux-là sont réservés aux usages communs et les plus nécessaires. Faibles et délicats, plusieurs cèdent au moindre vent qui peut les renverser; d'autres sont immobiles aux coups de la tempête et résistent à la violence des aquilons. Il en est qui parviennent à une hauteur et à une grosseur extraordinaires; et, depuis un siècle, chaque année semble avoir ajouté à leur circonférence, tandis qu'à d'autres un petit nombre d'années suffit pour acquérir toute la grosseur à laquelle ils peuvent prétendre.

Le célèbre naturaliste romain, Pline, admirait de son temps ces grands arbres de l'écorce desquels on pouvait construire des barques capables de contenir trente personnes. Qu'aurait-il dit de ces arbres du Congo, qui peuvent en porter deux cents, ou de ceux qui, selon les relations des voyageurs, ont onze pieds de largeur et sur lesquels on peut transporter

quatre à cinq cents quintaux? Il
en est un de cette espèce, dans
le Malabar, que l'on prétend avoir
cinquante pieds de circonférence.
Tels sont encore les cocotiers, espèce de palmiers, parmi lesquels
il s'en trouve dont les feuilles peuvent couvrir vingt personnes. Le
Tallipot, arbre du Ceylan, et qui
par sa hauteur ressemble à un
mât de vaisseau, est aussi célèbre
par ses feuilles; une seule, dit-on,
suffit pour mettre quinze à vingt
hommes à couvert de la pluie.
Elles conservent tant de souplesse
en séchant, qu'elles se plient à

volonté, comme des éventails : elles sont alors extrêmement légères et ne paraissent pas plus grosses que le bras.

On voit encore sur le Liban vingt-trois cèdres antiques, que l'on dit échappés aux ravages du déluge, et qui, conséquemment, devraient être les arbres les plus forts qu'il y eût dans le monde. Un savant, qui les a vus, assure que dix hommes n'en pourraient embrasser un seul : ce qui paraît bien peu pour des arbres qui dateraient de tant de siècles. Les gommiers, que l'on trouve aux

îles de l'Amériques, ont ordinai-
rement les deux tiers de cette circonférence, et ne remontent pas
sans doute à une telle antiquité.
Quoi qu'il en soit, on ne peut
douter que les arbres ne puissent
atteindre un très-grand âge. Pline
cite des yeuses, des platanes et
des cyprès qui existaient de son
temps et qui étaient plus anciens
que Rome, c'est-à-dire qu'ils
avaient plus de huit cents ans. Il
dit qu'on voyait encore auprès de
Troie, autour du tombeau d'Ilus,
des chênes qui y étaient du temps
que cette ville prit le nom d'Ilium :

ce qui fait une antiquité bien reculée. En Basse-Normandie, dans le cimetière d'une église de village, on voit un vieux if, planté du temps de Guillaume le Conquérant, qui est encore chargé de verdure, quoique son tronc, caverneux et tout percé à jour, ressemble aux douves d'un vieux tonneau. On parle même de pommiers qui ont au-delà de mille ans, et, si l'on fait le calcul des fruits qu'un de ces arbres porte annuellement, quelle prodigieuse fécondité dans un seul pépin, qui eut suffi pour fournir toute l'Eu-

rope d'arbres et de fruits de cette
espèce !

## VI

La grande diversité qui se
remarque entre les arbres, me fait
penser à celle qu'on observe entre
les hommes, relativement aux
postes qu'ils occupent, à leur
façon de penser, à leurs talents, à
leurs qualités personnelles. Dans
les forêts, pas un arbre bien cons-
titué qui ne puisse être de quelque avantage pour le propriétaire :
dans la société, personne qui ne
puisse être utile à ses semblables.

L'un, pareil au chêne, se fait admirer par une fermeté, par une constance inébranlable : rien ne saurait l'abattre. Un autre n'est pas doué de la même force ; mais une aimable complaisance le fait tout à tous : il est flexible, comme le saule aquatique, et il plie aisément. Vertueux, il ne sera complaisant que dans les choses innocentes et légitimes ; mais, s'il n'a que de l'indifférence pour Dieu, pour ses devoirs, pour la religion, qu'il tremble, il embrassera toujours le parti du plus fort.

Quelque différence qu'il y ait

entre les arbres, ils appartiennent
tous au Monarque du monde : tous
sont nourris dans la même terre,
abreuvés par les pluies, échauffés
par le même soleil. Les hommes
aussi sont toutes les créatures du
même Dieu, également soumis à
sa puissance, également les objets
de ses soins : ils lui doivent tous
la nourriture et l'entretien; c'est
de lui qu'ils tiennent les qualités
et les talents divers dont ils sont
enrichis. Le cèdre qui s'élève avec
majesté sur la cime du Liban, et
la ronce qui croît à ses pieds,
sont nourris des mêmes sucs,

arrosés des mêmes eaux. Ainsi le riche ne peut pas plus que le pauvre se passer de la bénédiction divine. Ainsi l'homme puissant et élevé entre les hommes doit se souvenir que c'est à Dieu qu'il doit son élévation et sa grandeur.

## VII

A voir la profusion continuelle que nous faisons du bois, on dirait que Dieu chaque jour en crée de nouvelles provisions. Il est vrai que l'homme fait de cette matière les usages les plus variés.

Le bois se prête à tous les services qu'il nous plaît d'en exiger. Assez tendre pour revêtir toutes les formes, et assez dur pour conserver celles qu'on lui a données, il se laisse aisément scier, courber, polir; et nous nous procurons, par son moyen, beaucoup de choses utiles, commodes et agréables.

Le chêne, dont les accroissements sont fort lents, et qui ne se couvre de feuilles que quand les autres arbres en sont déjà ornés, fournit le bois le plus dur de nos climats; et l'art sait l'employer à une multitude d'ouvrages de charpente, de menuiserie et de sculpture, qui semblent braver le pouvoir du temps. Le bois plus léger sert à d'autres usages ; et comme il est plus abondant et qu'il croît plus vite, il est aussi d'une utilité plus générale. C'est aux productions des forêts que nous devons nos maisons, nos vaisseaux, et tant d'instruments et de meubles dont nous nous passerions si difficilement. En un mot, l'industrie des hommes polit le bois, l'arrondit, le taille, le tourne, le sculpte, et en fait une multitude d'ouvrages aussi élégants que solides.

Il est un grand nombre de besoins indispensables auxquels nous aurions peine à pourvoir si le bois n'avait l'épaisseur et la solidité convenables. La nature, il est vrai, nous fournit une grande quantité de corps lourds et compacts : les pierres, les marbres, etc., se prêtent à différents usages. Mais il est si pénible de les tirer de leurs carrières, de les travailler, et ils occasionnent de si fortes dépenses ! Nous pouvons, au contraire, à peu de frais et sans de grands travaux, nous procurer les plus grands arbres. En enfonçant dans la terre des pieux d'une longueur proportionnée, on assure un fondement solide à des édifices qui, sans cette précaution, s'écrouleraient dans la fange ou dans un sable mouvant : les pilotis forment dans la terre ou dans l'eau une forêt d'arbres immobiles, et quelquefois incorruptibles, qui supportent les masses les plus énormes. D'autres pièces soutiennent la maçonnerie, ainsi que le poids des tuiles et du plomb qui composent le toit des bâtiments.

# VIII

Le bois contient encore le principal aliment du feu, sans lequel l'homme ne pourrait ni apprêter la nourriture la plus commune, ni fabriquer la plupart des objets de première nécessité, ni même conserver ses jours. Le soleil est l'âme de la nature : mais il ne nous est pas libre de dérober une partie de ses rayons pour donner à nos aliments les préparations qu'ils exigent ou pour fondre communément les métaux. Le bois enflammé supplée, en certains cas, l'astre du jour lui-même, et le degré plus ou moins fort de chaleur dépend de notre choix. Sans cette chaleur bienfaisante que le bois nous procure, les longues nuits d'hiver, les froids brouillards et les vents rigoureux glaceraient notre sang. Combien de fins pleines de sagesse ne s'est donc pas proposées le Créateur du monde en couvrant de forêts une partie de notre globe !

Cependant, comment envisage-t-on d'ordinaire les diverses utilités qui nous reviennent du bois ?

Combien peu réfléchissent sur les avantages nombreux dont il est la source! Hélas! pour être trop communs, trop journaliers, ils perdent leur prix pour la plupart des hommes! Il est plus aisé, je l'avoue, d'acquérir le bois que l'or et les diamants. Mais cesse-t-il pour cela d'être un insigne bienfait de la Providence? ou plutôt l'abondance du bois, et la facilité avec laquelle on parvient à en faire l'acquisition, n'est-elle pas une raison de plus de bénir le Créateur qui proportionne si exactement ses dons à nos besoins?

Et, pour l'usage, que sont les diamants en comparaison du bois?

Quelle riche matière d'actions de grâces pour un cœur vivement pénétré des bontés de son Dieu! Dans la saison où l'astre qui anime la nature semble vouloir lui retirer ses faveurs, le vieillard décrépit, assis près du foyer, repasse dans son souvenir les beaux jours de sa jeunesse et se plaît à en redire l'histoire à sa famille attentive. Je médite moi-même sur la chaleur vivifiante que le bois vient porter dans mes veines ; je remonte à l'Auteur de tous les biens, et dans l'effusion de ma reconnaissance, je m'écrie : « Père tendre et prévoyant, c'est encore ici un de vos bienfaits ! Je le reçois de votre main avec un vif sentiment de gratitude, et j'admire les soins de votre sagesse dans cette douce chaleur qui réchauffe mes membres glacés. Pourrais - je, quand votre souffle me ranime, ne pas penser à cet homme, à mon frère, victime de la rigueur du froid, cachant à peine sa nudité sous de tristes haillons, et luttant avec un peu de paille contre la dureté des nuits de l'hiver ? Ah !

périsse le cœur barbare qui n'a de sensibilité que pour lui-même ! Pourrais-je n'être pas bienfaisant à l'école du Dieu de toute bonté ?

Mais avant tout, ô mon Père, combien cette bonté me pénètre pour vous des sentiments les plus affectueux ! Soit que je me trouve dans les jours brûlants de l'été ou au milieu des frimas de l'hiver, soit que je respire en plein air ou dans une chambre échauffée, toujours vous faites éclater sur moi de nouveaux traits de votre protection : non, je n'oublierai aucun des biens dont vous me

comblez à tous les instants ; et,
comme dans chaque saison de
l'année, je reçois des marques
particulières de vos soins, je
veux vous glorifier et vous be-
nir dans chaque saison. Je ne
veux plus surtout considérer le
bois avec indifférence ; mais l'u-
sage que j'en ferai sera pour moi
une occasion d'exalter la libéralité
de mon Créateur.

## XI

C'est sans doute pendant la
rigueur des hivers que nous éprou-

vons bien sensiblement la grande
utilité des forêts : elles nous four-
nissent , dans cette dure saison ,
une ample provision de bois,
sans laquelle nous ne pourrions
nous dérober aux atteintes du
froid. Mais gardons-nous de penser que ce soit là leur unique
ou même leur principal usage. Si
Dieu ne s'était proposé que cette
fin en les formant, pourquoi eût-il
créé ces forêts immenses, qui offrent une chaîne non interrompue
à travers des provinces et des
royaumes entiers ; qui se renou-
vellent sans interruption, et dont

cependant la moindre partie est employée aux besoins immédiats de l'homme ? Nous parcourons encore aujourd'hui des bois où les druides, il y a plus de vingt siècles, cueillaient en cérémonie le gui de chêne. Nous retrouvons encore les Ardennes, qui, longtemps avant Jules César, occupaient une grande partie de la Gaule-Belgique. La forêt Noire et celle de Bohême sont les restes de la forêt Hercinienne, qui couvrait autrefois la Germanie entière et s'étendait jusqu'en Transilvanie. Il est manifeste que

Dieu, en formant ces vastes forêts, s'est encore proposé de procurer aux hommes d'autres avantages que ceux qui jusqu'ici ont excité notre reconnaissance.

Le plaisir que nous cause la vue des bois ne serait-il pas une des fins pour lesquelles ils ont été créés? Ils sont une des grandes beautés de la nature, et c'est toujours un défaut dans un pays, d'en être dépourvu. Notre impatience, lorsqu'au printemps les feuilles tardent à paraître, et la joie que nous éprouvons lorsqu'enfin elles se montrent, nous font sentir combien elles parent et embellissent notre séjour. L'aspect de la terre serait uniforme et triste, sans cette diversité charmante de campagnes et de bois, de forêts et de plaines.

Les forêts, dont les productions nous sont si utiles en hiver, ne nous offrent pas des avantages moins sensibles, dans les ardeurs brûlantes de l'été, en procurant à l'homme et aux animaux une fraîcheur aussi salutaire que délicieuse. Voyez le chêne superbe, balancer au haut des airs sa cime touffue; il répand sur la plaine,

dans un vaste contour, la fraîcheur et l'ombrage. Les troupeaux, brûlés des feux du jour,
se rassemblent et s'arrêtent sous
son abri impénétrable : longtemps
il bravera les vents et les orages.
Eh ! qu'est-ce donc, quand les
chênes, les ormes, et une foule
d'autres arbres, se trouvent entre-
mêlés et rassemblés dans une vaste
forêt ?

La bonté de Dieu ne se borne
pas à une seule contrée : elle s'é-
tend sur toute la terre. Quel pays,
quel lieu si écarté, si agreste, où
l'on n'aperçoive les traces de cette

bienfaisance? Partout, dans les champs comme dans les forêts, dans les déserts comme dans les plaines fleuries, il a érigé des monuments de son amour. Au pied de ces coteaux, un bois solitaire, dont les arbres touffus élèvent leurs têtes jusque dans les nues, m'offre ces sombres retraites, et m'invite à méditer loin du séjour des villes. Il sert d'asile aux animaux sauvages, et d'abri aux oiseaux qui le font retentir de leurs chants mélodieux. Ah! quand pourrai-je, sous ses ombrages frais, porter mes pas errants, et me livrer à d'utiles et douces contemplations ! Rempli de reconnaissance et de joie, j'élèverai mes yeux vers le Ciel, je chanterai un hymne à la gloire du grand Roi dont il est le trône, et je le bénirai de ce qu'il a formé les forêts pour l'utilité de ses créatures.

— Lille. Typ. L. Lefort. 1859. —

— Lille Typ. L. Lefort. 1855. —

www.ingramcontent.com/pod-product-compliance
Lightning Source LLC
Chambersburg PA
CBHW070905210326
41521CB00010B/2058